DE L'AGRICULTURE

EN 1866

PAR

UN CULTIVATEUR DE LA COTE-D'OR

BEAUNE

IMPRIMERIE A. LAMBERT, GRAND'RUE, 18

1866

DE L'AGRICULTURE

EN 1866

PAR

UN CULTIVATEUR DE LA COTE-D'OR

C

BEAUNE

IMPRIMERIE A. LAMBERT, GRAND'RUE, 18

1866

IMPERIAL
TIMBRE
21
5 cen

DE L'AGRICULTURE

EN 1866

AVANT-PROPOS

Dans cet exposé de notre *situation agricole* en 1866, nous n'avons voulu que dire *simplement* la vérité. — Alors que notre Gouvernement est décidé à s'occuper sérieusement de l'Agriculture, alors qu'il l'ajourne à une enquête *sur place*, comme dernier délai. Tout *agriculteur* est interrogé et doit répondre, c'est ce que nous faisons pour notre part, bien convaincu qu'aucun cultivateur ne peut contredire les faits que nous signalons, et qui constatent l'abaissement dans lequel se trouve le plus utile comme le premier des états.

Nous n'avons rien dit de la *Viticulture* qui offre un des produits principaux de notre département; il est évident qu'elle a le même intérêt que l'*Agriculture en général* dans l'allégement des charges qui résultent de l'*impôt direct* et *indirect*, dans la libre circulation de ses produits, dans la diminution du prix exagéré de la main-d'œuvre.

DE L'AGRICULTURE EN 1866

Qu'est-ce que l'Agriculture? Tout.

Qu'est-elle aujourd'hui ? Rien.

Que demande-t-elle ? A être *quelque chose.*

Ces mots célèbres, à propos du Tiers-Etat, peuvent, en ce moment, sans plus d'exagération, s'appliquer à l'Agriculture.

C'est elle qui donne le pain, la viande, le vin ; qui fait vivre tout le monde ; elle est donc le plus important de tous les éléments qui constituent l'État.

Elle n'est rien comparativement aux industries de ce temps qui ont le monopole du *profit* et de la *richesse.*

Que demande-t-elle? Le prix de son travail. — Le Fermier veut pouvoir payer ses fermages ; le Propriétaire du sol, en retirer de quoi vivre et n'être pas forcé de vendre l'héritage de ses pères.

Il faut le dire, la cause de cette situation n'est pas d'aujourd'hui ; elle doit être attribuée à nos révolutions, qui, depuis cinquante ans, ont laissé à chacun des gouvernements qui se sont succédés, des charges de plus en plus lourdes. A qui s'en prendre pour les payer? Au sol qui soutient tout, à la propriété immobilière. De là, l'augmentation de l'impôt foncier dont l'exagération alla jusqu'au cinquième du revenu, non compris tous les autres impôts plus ou moins *directs :* centimes additionnels, prestations en nature, droits d'enregistrement, de mutations, de successions, d'hypothèques, d'octroi, etc.

Afin de faire face à ces exigences, les *Fortunes rurales* eurent recours à l'emprunt, en donnant leurs fonds pour garantie. La propriété se trouva grevée, à la fin du gouvernement de Louis Philippe, d'une dette hypothécaire de 13 milliards ; il ne restait plus même le tiers du revenu du sol pour prix de sa culture et du rude travail qu'il exige.

Il fallait pourtant bien faire quelque chose pour cette Agriculture, qui occupait les deux tiers de la population. Un ministre l'appelait la Mère-nourricière de l'Etat. La *Phraséologie* du temps s'épuisa pour elle ; *verba et voces*, des paroles et du bruit, c'est-à-dire rien !

Alors les capitaux s'éloignaient d'elle de plus en plus, comme d'un emprunteur trop souvent en retard ; ils allaient où les appelait leur intérêt, vers l'industrie et le commerce qui *libres, indépendants, protégés par les lois, exempts de tout impôt, leur offraient un produit dégagé de toutes charges, et à chaque instant réalisable.*

Les campagnes se dépeuplaient, et il se faisait un mouvement sans fin de leurs habitants vers les villes où les attirait, avec l'éclat du nouveau séjour, un travail plus lucratif et plus facile (1). De là, pour l'Agriculture, un autre malheur, le défaut de bras, l'exagération du prix des salaires et de la main-d'œuvre, malheur augmenté par une impulsion extraordinaire donnée à ce qu'on appelle *les affaires*, au développement prodigieux de travaux publics, à l'établissement de nouvelles industries, à la nécessité d'une armée nombreuse, de là, enfin, la débâcle des *fortunes* rurales, et le nombre énorme des ventes en détail dont les acquéreurs sont les cultivateurs qui peuvent faire par eux-mêmes, et sans frais de main-d'œuvre, le *gros de l'ouvrage* sur ces parcelles de terrain.

L'Agriculture, cependant, a fait des efforts inouis pour lutter contre les obstacles que le temps lui apportait, au lieu de les diminuer. Elle a perfectionné ses instruments, ses modes de culture, mis en valeur des terrains qui n'en avaient aucune (2) ; efforts impuissants ! Un grand nombre de ses produits restent au-dessous du prix de *revient*. — Enfin, le bétail qui donne l'engrais, le bétail, la ressource et l'élément principal de l'industrie agricole, exige l'argent et l'*avance*.

Pour subvenir à cette condition essentielle de vie et de progrès, on a créé le *Crédit agricole* et le *Crédit foncier* ; mais les rouages de ces machines financières étaient trop compliqués pour les cultivateurs auxquels il faut des moyens d'utilité plus prompts et plus faciles ; loin de lui servir,

---

(1) D'après les derniers recencements, notre département de la Côte-d'Or, malgré son nom pompeux et ses *grands* vins, est un de ceux dont la population va sans cesse en décroissant.

(2) Ce mouvement vers le progrès fut dû, en partie, aux grands propriétaires qui voulaient *faire de la culture*, et appliquer leurs revenus à l'amélioration de leurs terres. C'était la mode de crier contre l'*absentéisme* ; mais ils furent bientôt ramenés par la *perte* au lieu du *profit*, et forcés d'avoir recours au *fermage*, pour ne pas *manger* le fonds.

elles fonctionnèrent fatalement contre eux, en offrant de nouveaux avantages de placement aux capitaux, dont l'emploi devint de plus en plus étranger à cette destination.

On eut recours, dans le même temps, à un moyen qui a sa force et son mérite, à l'excitation de l'*amour-propre* et de l'*émulation*. Établis dans ce but, les *concours*, les *congrès*, les *comices agricoles* sont des imitations *anglaises* ; — mais quelle différence entre nos réunions *officielles*, et ces congrès ou *meeting anglais*, si nombreux, qui se rassemblent librement, avec leurs propres ressources, où propriétaires et fermiers se trouvent mêlés, au milieu de tout le *confort* de l'opulence, pour se communiquer leurs expériences, le perfectionnement des machines, celui si vanté des différentes races du bétail, tout ce qui peut accroître le produit du sol, là, enfin, où les éleveurs rencontrent toujours pour la vente un prix *rénumérateur*. La différence tient à celle de la situation des cultivateurs dans l'un et l'autre pays. Ainsi, nulle part, l'Agriculture n'est plus florissante que chez nos voisins, parce que les capitaux s'y sont portés avec la même ardeur qu'ils sont allés, en France, vers d'autres industries. Tandis que le fermier, ici, craint de faire un drainage de quelques mètres *en pierres ordinaires*, tandis que le Propriétaire *n'ose toucher aux bâtiments de sa ferme en ruine*, le cultivateur anglais place des sommes énormes sur l'éventualité d'une amélioration qui pourra rendre le centuple de la dépense, mais avec une attente de dix à quinze ans. Aussi, *la production du sol en Angleterre est-elle double de celle de la France ; et, à cette double production en céréales, il faut ajouter une production de viande quatre fois plus grande*. Là, nulle classe n'est plus attachée à son travail que la classe agricole, qui est une des plus opulentes, des plus éclairées et des plus influentes de la nation.

Ce qui est nouveau cesse de l'être bientôt, et il n'y a guère d'entraînements d'amour-propre qui résistent à un chiffre ; il faut toujours en venir au chapitre des recettes et des dépenses. Que l'on demande à l'*Éleveur* ce que lui coûte le bétail qui a été *primé* dans un de nos concours, et l'on verra combien le prix de vente de *l'offre* sera au-dessous du prix de *revient*. Croit-on, enfin, que nos fermiers qui *peuvent à peine toucher les deux bouts* mettront bien de l'empressement à faire nombre dans nos *congrès*, y conduire du bétail avec grands frais, sans autre résultat que de laisser leur argent aux villes et aux lieux qui, tour-à-tour, ont le privilège de cette épave, de donner ainsi le spectacle et de le payer ? Il est évident qu'ils préféreront leurs foires habituelles, où ils ont la liberté de leurs allures, vendent, achètent, échangent à leur choix.

Les Comices agricoles, avec les allocations de l'État et des départements, n'ont, certes, pas manqué à leur tâche, ils mettent à la remplir le zèle le plus infatigable, ils prodiguent les encouragements, les instructions, les exemples, mais les moyens de les mettre en œuvre, d'*aboutir* ne leur appartient point ; ce moyen peut-il être mieux indiqué que par les fermes-modèles de l'État et de l'Empereur ? Il n'est pas un de nos fermiers qui, dans la sphère plus circonscrite d'ailleurs de ses travaux, ne dise, après les avoir visitées : « Pourquoi ne ferais-je pas de la culture aussi bonne, si j'avais ce qu'elles ont, le *capital,* sans lequel l'*exemple* est impossible ? »

De quelle utilité pouvait être encore une autre imitation *anglaise* d'un crédit de cent millions pour le *Drainage,* dans un pays morcelé comme le nôtre ? Il faut donc le reconnaître, toutes les mesures prises par les préoccupations de notre temps en faveur de l'Agriculture, ressemblent aux soins que l'on donne à un malade pour le distraire de ses maux, au lieu de le guérir.

Exposer simplement cette situation, c'est mettre au jour les causes qui abaissent devant la loi du progrès notre Agriculture, et presqu'indiquer en même temps les mesures à prendre pour la relever.

La première réforme est la réduction des charges exorbitantes qui pèsent sur la propriété rurale. Pourquoi toutes les valeurs qui produisent ne paieraient elles pas l'impôt comme elle (1)? L'*imitation* de l'Angleterre pourrait-elle avoir une meilleure application qu'en contribuant au plus juste comme au plus utile dégrèvement ?

Les travaux publics doivent diminuer dans leur développement extrême. Ainsi, l'établissement de voies de communication est un bien pour l'agriculture, quand l'on n'arrive pas à l'exagération du bien et à l'abus des centimes additionnels et des prestations en nature. Ainsi, les subventions énormes fournies par l'État aux villes pour leurs monuments, leurs promenades, leurs embellissements, peuvent avoir un terme et alléger d'autant le sol qui les paie.

Rien n'oblige de bâtir Paris dans un jour, pouvait-on dire, mais enfin, s'il y a gloire et profit pour tous dans cette œuvre magnifique si rapidement accomplie, l'argent et les bras doivent revenir aux campagnes qui les ont fournis, car nul ne peut nier qu'il ne soit aussi utile et aussi glo-

(1) Les prêts hypothécaires exceptés, l'emprunteur ayant déjà payé l'impôt à l'Etat.

rieux de rendre à notre Agriculture en arrière de celle des autres peuples, le rang que son territoire privilégié entre tous lui assigne.

Cette réforme opportune dans l'exagération des travaux publics, de ceux surtout qu'on doit appeler *voluptuaires*, outre un dégrèvement nécessaire, pourrait contribuer à diminuer l'émigration si funeste des campagnes dans les villes, et de ramener au travail le plus indispensable, le plus *moralisateur*, le plus propre à faire des hommes robustes, nos meilleurs soldats, ces déserteurs du sol natal, condamnés à devenir dans les villes, quand l'intérêt d'un jour qui les y a attirés viendra à manquer, une population oisive, famélique, dégénérée, une charge et un danger pour le pays (1). Il n'y a pas d'indice plus grave du déclin de l'Agriculture que cette dépopulation des campagnes, alors que la nature et la situation du sol, dans une partie de la France, se refusent à l'emploi général des machines, quand leur prix dépasse aujourd'hui les forces du cultivateur, quand les *bras* sont pour lui une impérieuse nécessité, pourquoi les lui enlever par ce luxe effréné de travaux dont l'utilité au moins est loin d'être aussi pressante ?

Dieu protége la France ! c'est une conviction que tout le monde est heureux de partager ; mais ce n'est pas une raison pour ne point prévoir les mauvaises chances et les fléaux auxquels l'Agriculture est exposée. Si notre bétail avait été frappé de l'épizootie qui a décimé celui de l'Angleterre, malheur que la classe agricole a supporté sans broncher, grâce à sa richesse et à sa prospérité antérieures, que serait-il advenu de notre Agriculture dans son dénûment extrême? quel secours prompt, efficace aurait-elle pu trouver dans son argent prélevé sous forme d'impôts de toutes sortes, et qui n'a pas même suffi aux différents services de l'État.

Les droits d'octrois et d'entrée dans les villes, servitudes et charges si lourdes pour l'Agriculture, sont *virtuellement* abolis par la loi récente du *Libre-Échange* ; il est, en effet, de toute justice que, si cette loi ouvre les marchés étrangers, elle doit, à plus forte raison la même liberté à l'intérieur ; autrement, ce ne serait pas la loi du *Libre-Échange* (2).

Les droits d'enregistrement pour les successions, mutations, obligations sont exorbitants et leur diminution est commandée par l'intérêt pressant de l'Agriculture et de la Propriété rurale.

(1) A différentes fois, les empereurs de Rome et de Constantinople (Justinien principalement), furent forcés d'avoir recours à des mesures violentes, pour refouler vers les campagnes désertes, les cultivateurs que les travaux d'embellissements, dans ces capitales, et leur luxe y avaient attirés.

(2) Il a été question de remplacer ce revenu principal des villes, par une taxe sur les loyers.

Parmi les causes de l'infériorité de notre Agriculture, il faut ranger encore le morcellement du sol ; il ne peut être question, en effet, d'*assolements*, du choix des divers modes de culture, du perfectionnement des races du bétail, de l'*élevage*, de drainage, de machines, d'aucun progrès enfin, avec la trop grande division *parcellaire* ; c'est le retour à l'enfance de l'art, et à sa simplicité primitive. Le meilleur moyen d'empêcher cet *éparpillement* de la terre serait de rendre à la propriété rurale son importance, en rattachant par l'intérêt au sol, les propriétaires et les cultivateurs.

Un de nos ministres proclamait dernièrement à la tribune, comme déduction irrécusable des faits, cette vérité : « Ce qu'il faut à l'Agriculture, ce sont des capitaux et des bras. » Pour rendre aux travaux des champs cette activité de notre temps qui se fourvoie, il comptait sur la folie de vouloir *faire fortune* en un jour, sur tant de spéculations d'argent hasardées, tant d'ambitions déçues ; mais il est évident que cette attente serait trop longue, la science n'a pas encore trouvé le secret de ressusciter les morts. On peut donc le constater, pour *faire de la culture* qui réponde à nos belles théories, dont l'heureuse application se fait *ailleurs que chez nous*; il faut un intérêt d'autant plus puissant que ce progrès auquel *elle* doit tendre est plus éloigné ; il est également évident que la réduction des charges, qui pèsent sur la propriété rurale, ayant pour résultat certain l'augmentation du revenu, produirait le profit, c'est-à-dire ce qui manque à l'Agriculture, ce qui est pour elle une question *de vie ou de mort* : le *capital* et les bras.

Des banques *vraiment agricoles*, constituées dans un but *unique et pratique*, en appelant l'association des propriétaires, avec un capital avancé par l'Etat, seraient, dans la situation actuelle, d'une incontestable utilité.

Enfin, elle est en vain sollicitée depuis longtemps, cette protection que l'État assure à toutes les autres propriétés et dont l'Agriculture est complétement privée ; ce n'est pas que les lois nous manquent, nous avons des lois sur la police rurale, des lois sur la pêche et sur la chasse. Cependant, quel est le cultivateur aujourd'hui, qui lève sa récolte sans qu'elle ait été décimée par l'abandon du bétail, par le vol et le maraudage ?

Il y a-t-il une seule de nos rivières du domaine *privé* ou *communal*, rivières si poissonneuses autrefois, qui ne soit livrée, de jour et de nuit, à tous les moyens de destruction les plus *prohibés*, et dans laquelle ne soit anéanti ce produit important et si utile d'alimentation. Mûs par cet intérêt grave, des savants de notre temps ont créé les mots de *pisciculture*, *aquiculture*, et se sont occupés avec ardeur de la génération du poisson, de la reproduction des espèces ; malheureusement pour ces rivières, ils ont négligé le point essentiel : la *conservation du poisson*, ce qui rend inutiles ces travaux de *linguiste* et d'*Ichthyologues*.

La loi sur la chasse qui, comme celle sur la pêche, nous a été donnée pour nous garder un plaisir, autant qu'une *valeur* précieuse du sol, reste également sans exécution.

Ainsi, les oiseaux si utiles à l'Agriculture pour la défendre contre le ravage des insectes, ces ouvriers *gratuits* qui s'associent à ses labeurs, qui en sont le délassement par leurs chants, cet ornement le plus gracieux de nos campagnes, ont disparu devant cette folie de détruire l'*Ecole buisson-nière des grands et des petits enfants.*

On sait aussi que tout le gibier *gros* et *menu* diminue de plus en plus, et que la cause principale est l'impunité du braconage armé, en tous les temps, des moyens de destruction les plus *expressément prohibés* par la loi et les arrêtés préfectoraux (1).

Pourquoi cette inexécution des lois, qui ont été faites pour protéger l'Agriculture ? Pourquoi les propriétés de l'État, celles de la Couronne, les propriétés forestières des communes sont-elles complètement préservées de ces abus ? C'est qu'elles ont des agents *utilement* constitués pour faire exécuter la loi, tandis que, en instituant les gardes-champêtres pour l'Agriculture qui les paie (2), on a omis de leur donner une organisation en rapport avec leur institution et l'importance de leurs fonctions ; cette mesure d'une si grande utilité publique, demandée depuis longtemps, nous est promise de *nouveau* avec un *nouveau* code-rural qui, aussi, doit faire disparaître une servitude funeste à l'Agriculture, une violation du droit de propriété : la vaine pâture.

Au dégrèvement de l'impôt foncier, il est indispensable d'ajouter sa meilleure répartition qu'on obtiendrait par une péréquation cadastrale de *communes à communes*, d'arrondissements à arrondissements, de départements à départements. Depuis la constitution de la propriété immobilière par le cadastre, le temps a amené des changements qui en ont détruit les bases : l'égalité et la justice.

Ainsi, réduction des charges qui pèsent sur la Propriété rurale, et, à cette fin :

---

(1) Si cet état de choses durait encore quelques années, il n'y aurait plus de permis de chasse à prendre, et ce revenu très légitime d'ailleurs pour l'État et les communes, serait perdu.

(2) C'est encore un impôt de plus à la charge de la propriété rurale, impôt tout-à-fait *frus-tratoire* par le défaut d'organisation de cette utile institution.

Révision de l'impôt en général ; son égalité sur tous les revenus ;

Répartition plus juste de l'impôt foncier ;

Cessation des travaux publics purement *voluptuaires*, et modération dans ceux dont l'utilité n'est point pressante. Ainsi, rapprochement du revenu de la terre de celui de l'argent ;

Création de banques *vraiment* agricoles, ou appropriation plus facile de celles qui ont cette destination ;

Protection *égale* par l'exécution des lois qui, à la différence des autres propriétés, restent pour l'Agriculture, comme si elles n'existaient pas.

Voilà les mesures qui pourraient contribuer à rétablir l'équilibre nécessaire entre l'Agriculture et l'Industrie proprement dite (1).

Après les enquêtes éclairées faites chez les peuples voisins, après notre longue expérience, le Pouvoir, dans sa haute connaissance des rouages du gouvernement, n'a plus qu'à prendre les moyens les plus opportuns et les plus immédiatement applicables ; car, il faut enfin aboutir. Moins de phrases, moins d'apparat, moins de *clinquant*, moins de fausses dorures au char de l'*antique déesse !* (1) *Émancipez* plutôt le soleil et la terre dans notre beau pays de France, laissez-leur assez de liberté pour qu'ils puissent *payer* le cultivateur ; et celui-ci aura ses jours de fêtes qui vaudront bien ceux de l'Angleterre, et qui viendront d'eux-mêmes sans être commandés. C'est là l'œuvre la plus digne d'occuper les loisirs de la paix, digne d'une volonté forte, digne des hommes de *science* et de *pratique* qui tiennent à honneur le travail des champs et de retourner le sillon qu'ont creusé leurs pères !

UN CULTIVATEUR DE LA COTE-D'OR.

Nota. — Ces notes étaient écrites lorsque le Gouvernement a pris des mesures pour procéder à l'enquête *agricole* annoncée ; il a formulé un *questionnaire* afin de préciser les points qu'il juge les plus importants dans cette information. Nous croyons que, sur plusieurs questions, il a seul les documents qui ne peuvent être donnés par le cultivateur ; tels sont ceux sur le nombre des ventes en détail depuis 25 ou 30 ans, la *diminution incessante* de la propriété rurale *agglomérée*, sur la dette hypothécaire du sol. En définitive, le débat, dans son commencement et dans sa fin, se réduit à deux questions : Quelle est la situation de l'Agriculture en général ? quels sont les moyens de l'ameliorer ?

(1) Telle fut la pensée constante de nos grands économistes : Sully, Colbert, Turgot, Napoléon Ier.

(2) Réha (ou la terre), traînée par des lions.

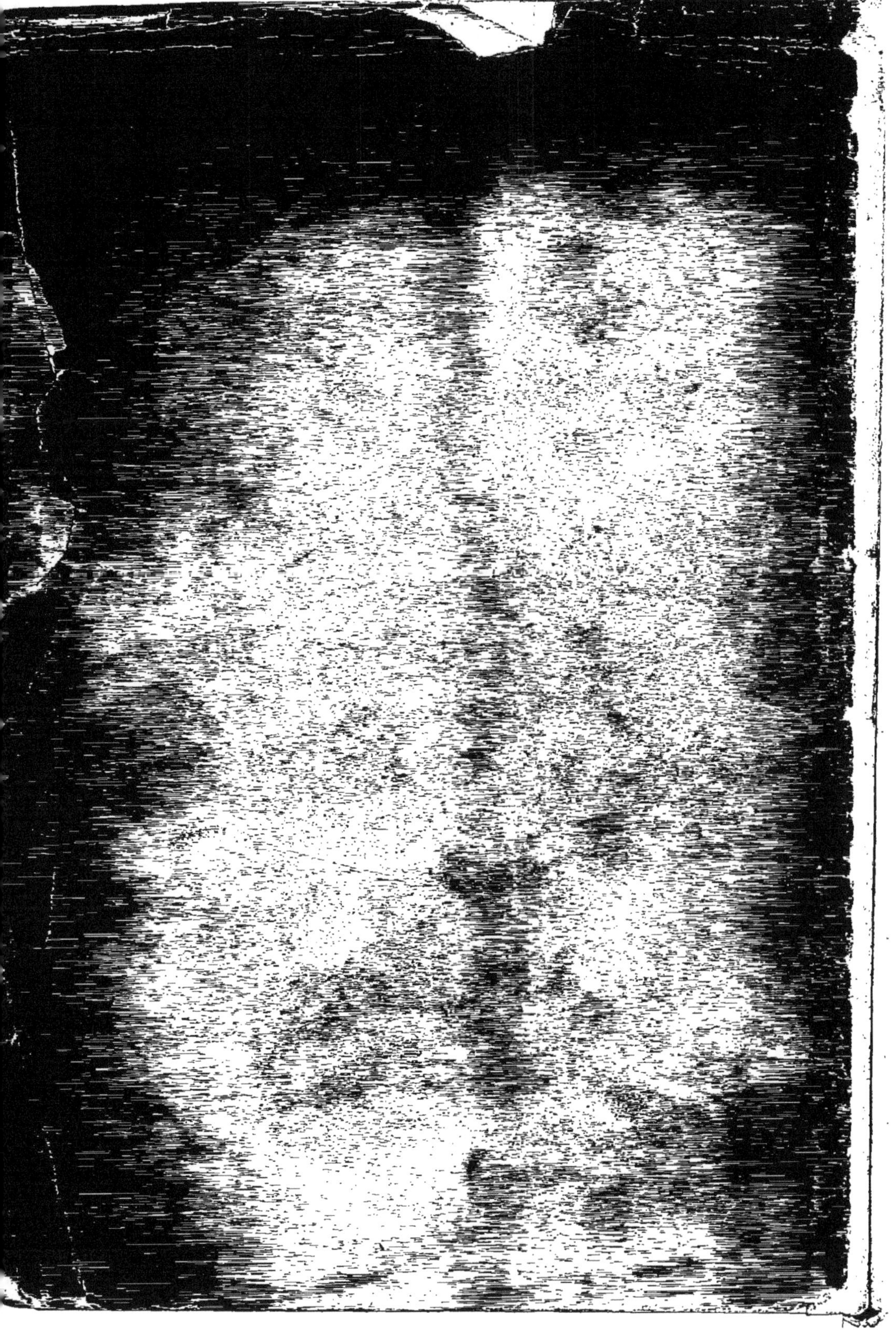